Nermine Ezz El-Dine

Biomarcadores precoces para diagnóstico de nefropatia em diabéticos tipo 2

Nermine Ezz El-Dine

Biomarcadores precoces para diagnóstico de nefropatia em diabéticos tipo 2

ScienciaScripts

Imprint
Any brand names and product names mentioned in this book are subject to trademark, brand or patent protection and are trademarks or registered trademarks of their respective holders. The use of brand names, product names, common names, trade names, product descriptions etc. even without a particular marking in this work is in no way to be construed to mean that such names may be regarded as unrestricted in respect of trademark and brand protection legislation and could thus be used by anyone.

Cover image: www.ingimage.com

This book is a translation from the original published under ISBN 978-3-659-91406-5.

Publisher:
Sciencia Scripts
is a trademark of
Dodo Books Indian Ocean Ltd. and OmniScriptum S.R.L publishing group

120 High Road, East Finchley, London, N2 9ED, United Kingdom
Str. Armeneasca 28/1, office 1, Chisinau MD-2012, Republic of Moldova, Europe
Managing Directors: Ieva Konstantinova, Victoria Ursu
info@omniscriptum.com

Printed at: see last page
ISBN: 978-620-8-38789-1

Índice

Diabetes Mellitus (DM)

A diabetes é definida como uma doença metabólica crónica que se caracteriza por um nível elevado de glicose no sangue resultante de um defeito na secreção de insulina ou da resistência à sua ação, ou de ambos. Tem sintomas caraterísticos como poliúria, polidipsia, perda de peso, polifagia e visão turva. A hiperglicemia não tratada a longo prazo causa danos vasculares que afectam o coração, os rins e os olhos, resultando em várias complicações ***(American Diabetes Association Professional Practice, 2022).***

Incidência

De acordo com a Federação Internacional de Diabetes (IDF), em 2021 estimava-se que 536,6 milhões de doentes diabéticos com idades compreendidas entre os 20 e os 79 anos aumentariam para 783,2 milhões de doentes em 2045, o que equivale a 12,2 % da população adulta, e causa 5 milhões de mortes anuais em todo o mundo ***(Sun et al., 2022)***.

No Egito, a diabetes é um problema de saúde em rápido crescimento e foi classificada pela IDF entre os 10 países com maior número de doentes, em 2019 havia 55 milhões de doentes diabéticos e este número aumentará para 108 milhões em 2045, o que representa 15,2% das pessoas com idades compreendidas entre os 20 e os 79 anos ***(Azzam et al., 2021)***.

Classificação da DM

DM tipo 1: também conhecida como diabetes mellitus insulino-dependente (DMID), ou diabetes juvenil, pois geralmente ocorre na infância, representa apenas 5-10% dos pacientes diabéticos, pode ser imunomediada ou idiopática ***(Associação, 2020)***. é caracterizada pela deficiência de insulina devido à destruição das células β, numa fase tardia desta doença, há pouca ou nenhuma secreção de insulina, uma vez que é determinada por um nível baixo ou indetetável de peptídeo C e acompanhada por um nível irregular de glicose no sangue elevado e potencial para cetoacidose diabética (DKA) ***(DiMeglio et al, 2018)***.

- ***A diabetes tipo 1 imunomediada*** resulta de uma destruição autoimune mediada por células das células β pancreáticas, uma vez que o ataque das células T leva à perda de células β. Os marcadores da destruição das células β incluem autoanticorpos para as células das ilhotas (ICA), autoanticorpos para a descarboxilase do ácido glutâmico (GAD), autoanticorpos para a proteína tirosina fosfatase (PTP), antigénio associado ao insulinoma (IA-2A, IA-2b) e autoanticorpos específicos do transportador de zinco das ilhotas - isoforma 8 (ZnT8) ***(Rojas et al., 2018)***. Esta autoimunidade é desencadeada pela combinação de factores genéticos e ambientais. ***Fatores genéticos*** existem mais de 58 loci genéticos associados a T1DM foram identificados, incluindo antígeno de linfócito T citotóxico 4 (CTLA-4), recetor de interleucina 2 A (Il2RA), proteína tirosina fosfatase não-recetor 22 (PTPN22) e antígeno leucocitário humano (HLA) classe ∏ que é responsável por 50% dos casos genéticos, especialmente HLA-DR e HLA-DQ alelos ***(Pociot et al., 2016)***. ***Os fatores ambientais*** incluem a ingestão precoce de proteína do leite de vaca, deficiência de vitamina D, infeções virais como enterovírus, rotavírus, citomegalovírus, papeira, rubéola, retrovírus e vírus Epstein-Barr ***(Knip et al., 2012, Rewers et al., 2016)***.

- ***Diabetes tipo 1 idiopática:*** algumas formas de DM1 têm causas desconhecidas, não têm evidência imunológica de autoimunidade das células β e não estão associadas ao HLA, requerem uma terapia de substituição de insulina nos doentes afetados ***(Associação, 2019)***.

DM tipo 2: A diabetes não insulino-dependente (NIDDM) ou diabetes de início na idade adulta, o tipo mais comum de diabetes, representa 90-95% dos doentes diabéticos ***(Association, 2020)***. Existem alguns factores ambientais que aumentam o risco de desenvolver DMT2, como a obesidade, a idade, a dieta, a falta de atividade física e o stress psicológico ***(Beulens et al., 2022)***.

A fisiopatologia desta doença é desencadeada principalmente pela resistência à insulina (RI) dos músculos, fígado e tecido adiposo ***(Shen et al., 2020)***, a obesidade é a principal causa de RI, a maioria dos pacientes são obesos e têm uma percentagem aumentada de distribuição de gordura corporal na região abdominal ***(Ge et al., 2022, Kalin et al., 2017)***.

O indivíduo com diabetes tipo 2 não precisa de tratamento com insulina para sobreviver, ao contrário dos pacientes diabéticos tipo 1, a progressão da diabetes tipo 2 pode ser retardada ou revertida por mudanças no estilo de vida e medicamentos que melhoram a sensibilidade à insulina ***(Marín-Peñalver et al., 2016)***.

Diabetes mellitus gestacional (GDM): ocorre em cerca de 14% das mulheres grávidas e desaparece após o parto do bebé, mas pode evoluir para T2DM em 5-10%. A principal causa da GDM é a resistência à insulina causada pelo lactogénio placentário, estrogénio, progesterona e outros fatores incluem aumento do peso corporal, história familiar, idade avançada e síndrome dos ovários policísticos (PCOS) ***(Dickens et al., 2019, Plows et al., 2018)***. A DMG não tratada causa danos à saúde do feto, incluindo doença cardíaca congénita, macrossomia (peso elevado à nascença), anomalias do sistema nervoso central e malformações do músculo esquelético ***(Plows et al., 2018)***.

Outros tipos de diabetes

Diabetes autoimune latente do adulto (LADA): também conhecida como diabetes tipo 1.5, é a diabetes tipo 1 que se desenvolveu em adultos com mais de 30 anos, diagnosticada pela presença de autoanticorpos das células β, diminuição da função das células β e ausência de necessidade de tratamento com insulina pelo menos nos primeiros 6 meses após o diagnóstico ***(Pozzilli et al., 2018)***.

Maturity-onset diabetes of the young (MODY): é uma forma rara de diabetes monogénica autossómica herdada que causa um defeito nos genes que controlam o nível de insulina, existem 14 subtipos de MODY, apresentados antes dos 25 anos de idade, difere da DM1 na ausência de autoimunidade contra as células β e manutenção da função das células β, não há necessidade de tratamento com insulina e é diagnosticada por testes genéticos ***(Urakami, 2019)***.

Doenças **específicas*;*** ***Doenças que causam danos nas células pancreáticas*** como a fibrose cística, a pancreatite crónica e a restrição pancreática completa. ***Doenças associadas à produção de hormonas que antagonizam a secreção de insulina***, como a síndrome de Cushing, o hipertiroidismo e a acromegalia ***(Unger et al., 2010)***. ***Defeitos genéticos na ação da insulina***, como a resistência à insulina do tipo A, o leprechaunismo (síndrome de

Dono hue), a síndrome de Rabson-Mendenhall e a diabetes lipoatrófica. São doenças hereditárias autossómicas recessivas. Estas doenças causam uma grave resistência à insulina devido a um defeito no gene do recetor da insulina (INSR) que causa um defeito na transferência do sinal da insulina ***(Shlomo Melmed et al., 2020)***. A classificação da DM está resumida na (Tabela 1).

Tabela.1: **Classificação da DM** ***(Associação, 2014)***

I. Type 1 diabetes (β-cell destruction, usually leading to absolute insulin deficiency) A. Immune-mediated B. Idiopathic
II. Type 2 diabetes (may range from predominantly insulin resistance with relative insulin deficiency to a predominantly secretory defect with insulin resistance)
III. Other specific types A. Genetic defects of β-cell function 1. MODY 3 (Chromosome 12, HNF-1α) 2. MODY 1 (Chromosome 20, HNF-4α) 3. MODY 2 (Chromosome 7, glucokinase) 4. Other very rare forms of MODY (e.g., MODY 4: Chromosome 13, insulin promoter factor 1; MODY 6: Chromosome 2, NeuroD1; MODY 7: Chromosome 9, carboxyl ester lipase) 5. Transient neonatal diabetes (most commonly ZAC/HYAMI imprinting defect on 6q24) 6. Permanent neonatal diabetes (most commonly KCNJ11 gene encoding Kir6.2 subunit of b-cell KATP channel) 6. Mitochondrial DNA B. Genetic defects in insulin action 1. Type A insulin resistance 2. Leprechaunism 3. Rabson-Mendenhall syndrome 4. Lipoatrophic diabetes C. Diseases of the exocrine pancreas 1. Pancreatitis 2. Trauma/pancreatectomy 3. Neoplasia 4. Cystic fibrosis 5. Hemochromatosis 6. Fibrocalculouspancreatopathy D. Endocrinopathies 1. Acromegaly 2. Cushing's syndrome 3. Glucagonoma 4. Pheochromocytoma 5. Hyperthyroidism
IV. Gestational diabetes mellitus

Diagnóstico da diabetes

A DM pode ser diagnosticada por qualquer um dos seguintes testes: **Glicemia de jejum (FBG)**: determina o nível basal de glicose no sangue alterar o jejum noturno por 8 horas sem ingestão calórica. Nível normal abaixo de 110 mg/dl (Tabela.2) ***(Associação, 2019)***.

Glicemia pós-prandial (GPP): determina o nível de glicose no sangue após 2 horas da ingestão de uma refeição com 75 g de glicose, o nível de glicose no sangue eleva-se após 5-10 min e regressa ao seu nível normal após 2 horas em pessoas não diabéticas. Nível normal inferior a 140 mg/dL (Tabela.2) ***(Associação, 2019)***.

Hemoglobina glicosilada (HbA1C): é uma ligação não enzimática da glicose sanguínea ao aminoácido valina que se encontra no terminal N da cadeia β da hemoglobina A. Com o aumento da glicemia, a glicação da hemoglobina aumenta. Conta com a rotação normal das hemácias, pelo que estima o nível de glicemia dos últimos três meses e deve ser normalizado para o Diabetes Control and Complications Trial (DCCT) para evitar erros de diagnóstico. É afetado por qualquer condição que provoque variantes da hemoglobina, como a anemia falciforme, a perda de sangue, a anemia por deficiência de ferro ou a diálise. Neste caso, apenas se deve utilizar o nível de glicose no sangue para o diagnóstico ***(American Diabetes Association Professional***

***Practice, 2022)*.**

Tabela.2: **Critérios para o diagnóstico da diabetes *(American Diabetes Association Professional Practice, 2022)***

Condition	*FBG (mg/dl)*	*2-h PPG (mg/dl)*	*HbA1C%*
Normal	<110	<140	<6
Prediabetic	<126	≥140	6-6.4
Diabetic	≥126	≥200	≥6.5

Frutoseamina: recentemente tem sido promovida a frutose amina como um fator glicémico viável alternativo à HbAlc para ultrapassar as suas limitações ***(Chume et al., 2022)***. É produzida a partir da glicação não enzimática do grupo amina de proteínas séricas como a albumina, as lipoproteínas e a globulina, sendo representada pela albumina porque esta é a proteína sérica mais prevalente, pelo que é medida como albumina glicada (GA). Mede a concentração de glucose ao longo de 2 semanas, uma vez que o tempo de semi-vida da albumina é de 20 dias. Não é afetada por doenças que causam variações na hemoglobina e que provocam resultados incorrectos de HbA1C, como a anemia por deficiência de ferro, a talassemia ou os doentes tratados com eritropoietina, mas é afetada por qualquer condição que altere o nível de albumina, como as doenças do fígado ***(Verena Gounden et al., 2023)***. É um marcador importante para determinar o índice glicémico em doentes com ESRD, uma vez que a hemoglobina nestes doentes é afetada ***(Gan et al., 2018)***. Também é importante em mulheres grávidas, pois fornece um monitor de curto prazo para o controlo glicémico ***(Gingras et al., 2018)***.

Complicação da diabetes

A diabetes não controlada conduz a várias complicações agudas e crónicas, as complicações agudas incluem a cetoacidose diabética (CAD) e o estado hiperglicémico hiperosmolar (HHS) ***(Rewers, 2018)***, e a hiperglicemia não tratada a longo prazo conduz a complicações crónicas relacionadas com danos nos vasos sanguíneos que podem ser macrovasculares como as doenças cardiovasculares ou microvasculares como a retinopatia, a neuropatia e a nefropatia ***(Kaura Parbhakar et al., 2020)***.

Complicações macrovasculares:

Incluem a doença coronária que resulta de alterações ateroscleróticas, uma vez que a hiperglicemia aumenta as espécies reactivas de oxigénio (ROS) que activam a sinalização intracelular que aumenta os mediadores inflamatórios que conduzem à inflamação crónica, lesão e estreitamento da parede arterial do sistema vascular coronário. Isto leva a angina ou enfarte do miocárdio, arritmias e morte súbita. Além disso, doença cerebrovascular e arterial periférica que contribui para o pé diabético ***(Viigimaa et al., 2020)***.

Complicações microvasculares:

Neuropatia: A complicação mais prevalente da diabetes que está relacionada com a duração da DM. É definida como uma disfunção dos nervos periféricos; os seus sintomas incluem dormência, formigueiro, disfunção sudomotora e úlcera do pé diabético que, em casos avançados, pode ser difícil de tratar e conduzir à amputação ***(American Diabetes Association Professional Practice et al., 2022)***.

Retinopatia: causada por danos em pequenos vasos sanguíneos na retina do olho e resulta na perda gradual da visão e, eventualmente, na cegueira. Pode ser classificada em retinopatia diabética não-proliferativa (RDNP) e, ao aumentar o dano vascular da retina, leva à retinopatia diabética proliferativa (RDP) ***(Crabtree et al., 2021)***.

Nefropatia diabética (ND)

A ND é uma das principais complicações microvasculares causadas pela hiperglicemia não tratada a longo prazo, que conduz frequentemente à doença renal terminal (ESRD) ***(Shao et al., 2023)***

A nefropatia diabética é caracterizada por alteração na estrutura e função glomerular, capilar e tubular ***(Campion et al., 2017)***. O estágio inicial da DN causa hiperfiltração glomerular, hipertrofia, aumento da excreção urinária de albumina (EAU) devido ao aumento da espessura da membrana basal (BMT), aumento da membrana de fenda dos podócitos e expansão mesangial com o acúmulo de matriz extracelular (ECM) como colágeno e laminina por anos leva à fase avançada da DN, que é caracterizada por glomerulosclerose e fibrose intersticial leva à proteinúria e deteriora a taxa de filtração glomerular (TFG) ***(Xiang et al, 2020)***.

Classificação da nefropatia diabética

O Comitê Misto classificou a ND de acordo com a avaliação da função renal ou das alterações patológicas ***(Haneda et al., 2015)***.

A **função renal**, DN é classificada em 5 estágios de acordo com a função que depende da (GFR) do rim ***(Papadopoulou- Marketou et al., 2017)***.

Fase I: ocorre 2 anos após o início da diabetes, a taxa de filtração glomerular normal ou aumentada, o nível de albuminúria e a pressão arterial estão normais.

Estágio ∏: o estágio silencioso ocorre 5 anos após o início da diabetes, a TFG é normal sem sinais clínicos de albuminúria, mas pode ocorrer dano renal.

Estágio III: o estágio de microalbuminúria, ocorre 5 a 10 anos após o início da diabetes, é o primeiro estágio de dano glomerular que pode ser detectado clinicamente, o nível de pressão arterial é aumentado ou permanece dentro do normal.

Fase IV: Insuficiência renal crónica (IRC), diminuição da taxa de filtração glomerular inferior a 60 ml/min/1,73 m^2 , macroalbuminúria (albumina > 300 mg/g de creatinina) e pressão arterial elevada.

Fase V: Insuficiência renal terminal com uma taxa de filtração glomerular inferior a 15 ml/min/1,73 m^2 . A maioria dos doentes nesta fase necessita de terapia de substituição renal.

Alterações patológicas, a ND é classificada em 4 classificações com base na lesão glomerular, que são a expansão mesangial e o espessamento da membrana basal glomerular (GBM) (Tabela 3) ***(Qi et al., 2017)***.

Tabela 3: Classificação patológica da ND ***(Qi et al., 2017)***

Class	Criteria
I	Mild or nonspecific changes on light microscopy and conformed GBM thickening proven by electron microscopy: GBM > 395 nm (female), GBM > 430 nm (male), biopsy does not meet any of the criteria mentioned below for classes 2–4.
Ⅱ a	Mild mesangial expansion in >25% of the observed mesangium, area of mesangial proliferation < area of the capillary cavity.
Ⅱ b	Severe mesangial expansion in >25% of the observed mesangium, area of mesangial proliferation < area of the capillary cavity.
Ⅲ	At least one convincing nodular sclerosis (Kimmelstiel-Wilson lesion).
Ⅳ	Advanced diabetic glomerulosclerosis, glomerular sclerosis in >50% of glomeruli.

Diagnóstico da ND:

Os testes de rotina para o diagnóstico de doenças renais incluem a taxa de filtração glomerular (TFG), a microalbuminúria, a creatinina sérica e a cistatina-C. A creatinina, a cistatina-C e o rácio albumina/creatinina (ACR) estão positivamente correlacionados com a lesão renal e a TFG está negativamente correlacionada com a mesma ***(Mizdrak et al., 2022)***.

Microalbuminúria: A ND é caracterizada por hiperfiltração, pelo que aumenta a excreção urinária de albumina, sendo o padrão de ouro para avaliar a gravidade da ND. É determinada numa colheita de urina de 24 horas ou numa amostra aleatória como rácio albumina/creatinina (ACR), nível de normoalbuminúria < 30 mg/g de creatinina, nível de microalbuminúria de 30-300 mg/g de creatinina ou nível de macroalbuminúria > 300 mg/g de creatinina. Tem limitações, pois aumentou em pacientes com infeção do trato urinário ou aumento da atividade física e cerca de 30% dos pacientes com DRC têm albuminúria normal ***(Mizdrak et al., 2022)***.

Taxa de filtração glomerular (TFG): mede a taxa de filtração do plasma, quando o seu nível é inferior a 60 ml/ min /1,73 m^2 indica uma função renal comprometida e diminui com a gravidade da doença renal. Depende da creatinina, pelo que tem diversas variações devido à idade, sexo e massa muscular

(American Diabetes Association Professional Practice et al., 2022). É medida por uma fórmula diferente baseada na creatinina sérica, como a equação de Cockcroft e Gault (CG), a Modificação da Dieta na Doença Renal (MDRD) ou a Colaboração para a Epidemiologia da Doença Renal Crónica (CKD-EPI) ***(Jo et al., 2019)***.

CG-equation: $=((140 - Age) \times weight)/(72 \times s.Cr)) \times (0.85\ if\ female)$.

MDRD equation: $= 186 \times s.Cr^{-1.154} \times Age^{-0.203} \times (0.742\ if\ female) \times (1.21\ if\ American - African)$.

CKD-EPI equation: $= 141 \times \min(\frac{scr}{k}, 1)^{\alpha} \times \max(\frac{scr}{k}, 1)^{-1.209} \times 0.993^{age} \times (1.018\ if\ female) \times$

(1,159 *se for preto).*

Onde s.Cr é a creatinina sérica (mg/dl), k é 0,7 para mulheres e 0,9 para homens, α é -0,329 para mulheres e -0,411 para homens, min indica s.Cr/k mínimo ou 1 e max indica s.Cr/k máximo ou 1 ***(Jo et al., 2019)***.

Creatinina: É um produto da decomposição da fosfocreatina nos músculos para produzir energia. É filtrada do sangue através dos rins e excretada na urina. Quando os rins estão danificados, o seu nível aumenta no soro. A concentração de creatinina no soro só aumenta quando 50% dos nefrónios estão danificados e varia consoante a idade, o sexo e a massa muscular ***(Zhang et al., 2019)***.

Cistatina-C: É um polipeptídeo inibidor de proteases de 120 aminoácidos, produzido por todas as células nucleadas, é filtrado pelo glomérulo renal e catabolizado no túbulo proximal, pelo que aparece pouco na

na urina em indivíduos normais. É um marcador promissor para substituir a TFG, uma vez que prevê a lesão renal numa fase precoce e não é afetado pela idade, sexo ou massa muscular, mas os níveis de cistatina-C são afectados por alterações na função tiroideia ***(Campion et al., 2017, Zhang et al., 2019)***.

Patogénese da ND

A progressão da ND deve-se à interação entre factores metabólicos e hemodinâmicos (Fig.1) que causam hipertrofia glomerular e tubular, hiperfiltração e esclerose ***(Forbes et al., 2007, Szostak et al., 2023)***.

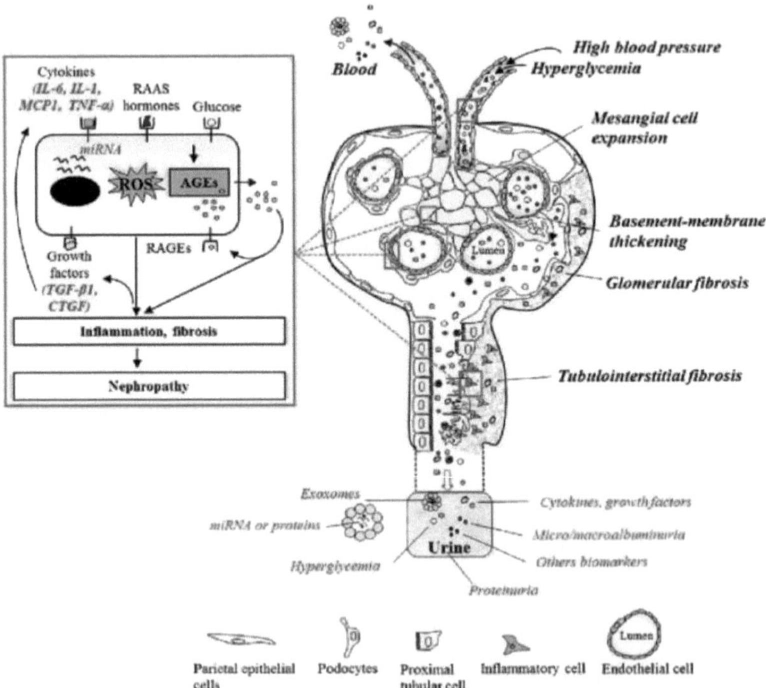

Fig.1: **Patogénese da ND *(Campion et al., 2017)***

Fator metabólico: inclui a glicação e a via do poliol. ***Glicação***: é um processo em que o produto final de glicação avançada (AGE) é produzido quando a glicose interage de forma não enzimática com proteínas, lípidos e ácidos nucleicos, causando a base de Shiff, o produto de Amadori e gerando AGE ***(Daroux et al., 2010)***. Os AGE podem levar a complicações renais ao ligarem-se ao colagénio e à laminina, inibindo a sua degradação e causando a acumulação de ECM que leva à fibrose, ou ao ligarem-se ao recetor de AGE (RAGE) que induz a produção de citocinas profibróticas como o fator de crescimento transformador β (TGF-β1) que causa hipertrofia renal ***(D'agati et al., 2010)***. Esta ligação aumenta a ativação da NADPH oxidase como fator de necrose tumoral α (TNF-α) que leva à geração de espécies reactivas de oxigénio (ROS) que causam stress oxidativo que leva à proliferação celular glomerular e hipertrofia ***(Tan et al., 2007)***. ***Via do poliol:*** a ativação desta via está envolvida na progressão da ND, uma vez que pode aumentar a formação de AGE e o stress oxidativo ***(Schrijvers et al., 2004)***. A via do poliol inclui 2 enzimas, a aldolase redutase, que reduz a glicose a sorbitol com o co-fator NADPH, e a sorbitol desidrogenase, que oxida o sorbitol a frutose com o co-fator NAD^{+}. aumento do nível de glicose leva à ativação desta via, o que resulta na acumulação de sorbitol, que não consegue passar a membrana celular e causa danos osmóticos nas células, ligando-se também ao grupo amina da proteína e formando AGE ***(Forbes et al., 2007)***. Também a ativação desta via leva à diminuição de NADPH que resulta no aumento de ROS e na ativação da proteína quinase C (PKC) que leva à sobre-expressão de TGF-B e do fator de crescimento endotelial vascular (VEGF) que é responsável pela permeabilidade ***(Campion et al., 2017)***.

Fator hemodinâmico: Os fatores hemodinâmicos causam hipertensão intrarrenal resultando em lesão glomerular e hiperfiltração, o sistema renina-angiotensina (SRA) como angiotensina ∏ (Ang ∏), enzima conversora de angiotensina (ECA), recetor de angiotensina ∏ tipo 1 (AT1) e recetor de angiotensina ∏ tipo 2 (AT2) são responsáveis pela pressão capilar ***(MacIsaac et al., 2014)***.

O nível elevado de glicose no sangue aumenta a expressão do componente RAS como Ang ∏ nas células mesangiais, angiotensinogénio e renina nos túbulos proximais, o que também induz a expressão de citocinas e TGf-B_i que levam à lesão renal ***(Schrijvers et al., 2004)***.

Uromodulina (UMOD)

A uromodulina (UMOD), também designada por proteína de Tamm-Horsfall (THP), é a proteína urinária mais abundante. Trata-se de uma glicoproteína de 105 kDa ancorada em glicosilfosfatidilinositol (GPI) (Fig.2). É uma proteína específica do rim, uma vez que é sintetizada em células epiteliais do membro ascendente espesso (TAL) da ansa de Henle, localizada na membrana plasmática apical e produzida por clivagem no lúmen. É codificada pelo gene UMOD que está localizado no cromossoma 16p12.3 e contém 15 exões ***(Chang et al., 2017, Melchinger et al., 2022)***.

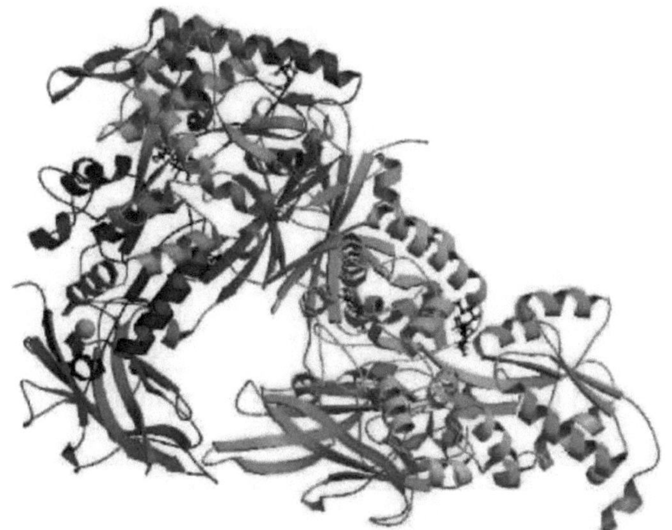

Fig.2: Estrutura 3D da região de polimerização da uromodulina

(https://www.rcsb.org/3 d-view/4WRN)

Estrutura da UMOD

É constituída por 640 aminoácidos, no terminal N os primeiros 24 a. a considerados como um péptido líder que direciona a proteína para a via secretora, 48 resíduos de cisteína que representam 7% dos aminoácidos e formam 24 pontes dissulfureto ***(Rampoldi et al., 2011, Thielemans et al, 2023)***, locais de glicosilação 8N que são responsáveis pela função biológica da uromodulina, quatro domínios semelhantes ao fator de crescimento epidérmico (EGF) que são responsáveis pela interação proteína-proteína, EGF ∏ e EGF Ш são responsáveis pela ligação ao cálcio ***(Micanovic et al, 2020)***, D e C que é um domínio central de função desconhecida com 8 resíduos de cisteína conservados, o domínio Zona pelúcida N e C (ZP) tem um papel na polimerização de proteínas e o local de ancoragem GPI na posição 614 no terminal C (Fig.3) ***(Devuyst et al., 2017)***.

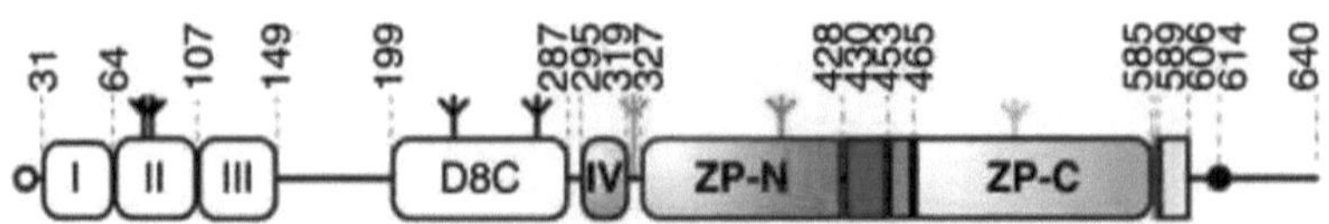

Fig.3: Estrutura da uromodulina *(Bokhove et al., 2016)*

Síntese e secreção de uromodulina

A síntese da uromodulina começa no ER, que é uma etapa limitadora da taxa, em que o péptido sinal é separado e a proteína é convertida de 640 a. a. para 616 a. a, ocorre a ancoragem GPI, a formação da ligação dissulfureto intramolecular e a N-glicosilação, sendo depois transferida para o aparelho de Golgi, onde toda a cadeia de glicano é modificada, exceto a Asn 274, que é um local conservado ***(Micanovic et al., 2020)***.

Após o tráfego adequado, atinge a membrana plasmática apical em polimerização incompetente e esta é mantida por duas manchas hidrofóbicas: a mancha hidrofóbica interna (IHP) que se localiza dentro dos domínios ZP, e uma mancha hidrofóbica externa (EHP) que se localiza entre ZP e o local de ancoragem GPI ***(Bokhove et al., 2016)***, por clivagem proteolítica mediada pela serina protease hepsina em Phe 587, forma uma mudança conformacional à medida que o EHP liberta e expõe os domínios ZP, levando à formação de um monómero compatível com a polimerização que se reúne em filamentos poliméricos e é libertado no lúmen tubular (Fig.4) ***(Brunati et al., 2015)***.

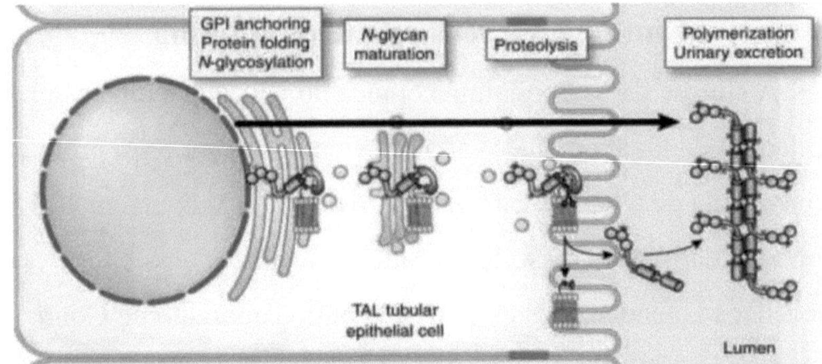

Fig.4: Maturação e secreção de uromodulina ***(Rampoldi et al., 2011)***

Funções biológicas da UMOD

A uromodulina regula o equilíbrio hidroelectrolítico, uma vez que constitui uma barreira à permeabilidade à água e controla a expressão do transportador no TAL ***(Zacchia et al., 2015)***. A uromodulina tem um papel na sensibilidade ao sal da pressão sanguínea, uma vez que os ratinhos knock out para a UMOD tinham uma pressão sanguínea mais baixa do que o controlo e resistiam à hipertensão induzida pelo sal ***(Graham et al., 2014)***, uma vez que regula a reabsorção de Na^+ , $K^{+,}$ e Cl^- regulando a atividade do cotransportador Na^+ , $K^{+,}$ e $2Cl^-$ ($NKCC_2$ ***) (Mutig et al., 2011)***, e aumentam a atividade do canal medular externo renal (ROMK2) através da interação direta e da regulação positiva da sua entrega à membrana plasmática ***(Renigunta et al., 2011)***.

A uromodulina previne a formação de cálculos renais: a nefrolitíase ocorre devido à saturação extrema da urina com um composto que forma um cristal como o oxalato de cálcio e o fosfato de cálcio. Esta agregação começa na ansa de Henle ***(Liu et al., 2010)***. A uromodulina tem uma carga negativa devido ao ácido siálico que evita a agregação de cristais e controla a ligação estereoespecífica entre as células renais e os cristais ***(Serafini-Cessi et al., 2005)***, também diminui a excreção de Ca^{+2} através da regulação positiva dos receptores de cálcio dos canais de catiões potenciais transientes da subfamília V, membro 5 (TRPV5) e membro 6 (TRPV6), responsáveis pela reabsorção de Ca^{+2} ***(Devuyst et al., 2022, Wolf et al., 2013)***.

A uromodulina tem um papel protetor contra a infeção do trato urinário: liga-se à *toxina do tipo I E-coli* que expressa pili sensíveis à manose chamados Fim-H ***(Serafini-Cessi et al., 2005, Youhanna et al., 2014)***. Esta ligação é induzida pela cadeia conservada de alta manose da uromodulina que compete com a ligação da *E-coli* aos receptores de uroplankins manosilados no urotélio ***(Cavallone et al., 2004, Micanovic et al., 2020)***.

A uromodulina tem um efeito pró ou *anti-inflamatório/imunomodulador* através da sua ligação ao recetor 4 do tipo toll (TLR4), que induz a ativação de Nf-kB e de citocinas inflamatórias ***(Saemann et al., 2005)***, que actuam como quimioatractores e activam a imunidade inata, como os monócitos, os neutrófilos e as células dendríticas, e facilitam a migração trans-epitelial dos neutrófilos ***(Schmid et al., 2010)***.

Tem também um efeito anti-inflamatório, uma vez que tem um papel protetor no rim durante a lesão de isquemia-reperfusão (IRI) que ocorre no túbulo proximal ***(Micanovic et al., 2015)***, uma vez que é redireccionado para as células basolaterais através de fenómenos de cross-talk que ocorrem entre o TAL e o segmento S_3 do túbulo proximal ***(El- Achkar et al., 2015)***, que reduzem os sinais inflamatórios através da captura de células pró-inflamatórias e citocinas *(El-Achkar et al., 2013)*, e regulam a expressão do segmento S_3 TLR4 *(El-Achkar et al., 2008)*.

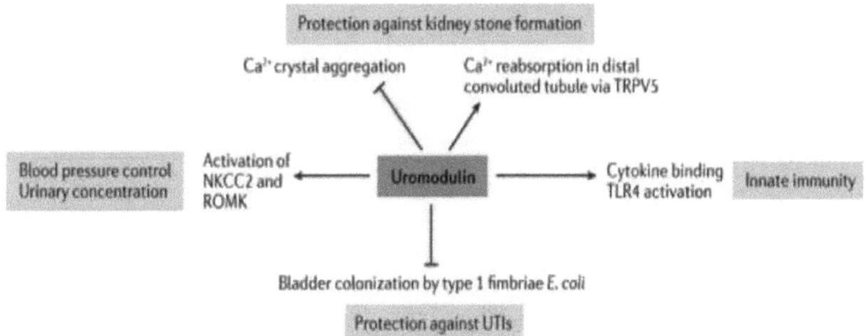

Fig.5: Função biológica da uromodulina ***(Devuyst et al., 2017)***

Doenças renais associadas à UMOD (UAKD)

A mutação no gene UMOD causa doenças autossómicas dominantes como a doença renal cística medular tipo 2 (MCKD2) e a nefropatia hiperuricémica juvenil familiar (FJHN) ***(Dahan et al., 2003, Olinger et al., 2022)***. Estas doenças são caracterizadas por hiperuricemia, gota, diminuição da excreção de ácido úrico ***(Bollée et al., 2011, Lhotta, 2010)***, lesão tubulointersticial com infiltrado moderado de células inflamatórias, espessamento e laminação da membrana basal tubular e atrofia tubular ***(Bernascone et al., 2010)***.

A mutação ocorre frequentemente no domínio rico em cisteína, o que leva a uma alteração conformacional da proteína, conduzindo à colocalização no retículo endoplasmático (ER), e a um tráfico prejudicado para a membrana plasmática, reduzindo assim a excreção de uromodulina ***(Bleyer et al., 2004, Chen et al., 2022)***, este defeito também está relacionado com o desenvolvimento de hipertensão, uma vez que tem efeitos sobre a homeostase electrolítica ***(Padmanabhan et al., 2010)***.

Papel da uromodulina na patologia da doença renal:

Vários estudos demonstraram a associação da uromodulina com as condições patológicas do rim. A lesão do membro ascendente espesso (TAL) leva à libertação de uromodulina e à elevação do seu nível no espaço intersticial, o que resulta na infiltração de células inflamatórias e induz uma resposta inflamatória que causa mais danos nas células renais ***(Prajczer et al., 2010)***. Por outro lado, o papel inflamatório da uromodulina nas células renais continua a ser uma questão controversa, uma vez que existem vários estudos que ilustram o efeito protetor da uromodulina nas células renais, como ***(El-Achkar et al., 2015),*** que mostraram que o nível de uromodulina aumentou na fase de recuperação do IRI e reduziu a sinalização das células pró-inflamatórias. Além disso, ***(Melchinger et al., 2022)*** demonstraram que o nível mais elevado de uromodulina está associado a uma menor gravidade da fibrose intersticial.

Vesículas extracelulares (EVs)

São bicamadas lipídicas que se desprendem de uma célula, subdividindo-se em dois grandes grupos de acordo com a biogénese exossomas com um diâmetro (50 - 150 nm) e microvesículas (MVs) com um diâmetro (150 - 1000 nm) ***(Latifkar et al., 2019, Sen et al., 2023)****A* carga dos EVs contém proteínas, ácido nucleico (RNA, miRNA, DNA), hidratos de carbono, lípidos, e o seu conteúdo depende da origem da célula. Apresenta-se em vários fluidos corporais como (sangue, urina, saliva, leite materno, líquido cefalorraquidiano, líquido amniótico e ascite) ***(Yie et al., 2022)***.

Biogénese de EVs

Microvesículas (MVs): libertadas por derramamento da superfície da membrana plasmática, uma vez que são formadas pela interação entre o fosfolípido redistribuído e a contração da proteína do citoesqueleto. Este processo é iniciado pela translocação de fosfatidilserina para a membrana externa e realizado pela contração do sistema actina-miosina ***(Petrovcíková et al., 2018)***. A ativação da ADP-ribosilação F6 (ARF6) inicia a cascata que leva à ativação da fosfolipase-D (PLD), seguida da atração da quinase regulada por sinal extracelular (ERK) para a membrana plasmática, que ativa a quinase da cadeia leve da miosina (MLCK) por fosforilação, que ativa a cadeia leve da miosina, resultando na formação de MVs ***(Akers et al., 2013)***.

Exossomos*;* liberado por brotamento do endossomo precoce em vesículas intraluminais (ILV) formando o corpo multivesicular (MVB) que contém vários ILVs, quando MVBs se fundem com exossomos de membrana plasmática liberados no espaço extracelular ***(Van Niel et al., 2018),*** sua biogênese inclui proteínas do complexo de triagem endossomal necessário para o transporte (ESCRT) que se dividiu em quatro grupos (ESCRT-0, I , ∏ , Ш), e uma proteína acessória chamada proteína de interação ALG-2 (ALIX), e gene de suscetibilidade tumoral (TSG 101) ***(Akers et al., 2013, Sen et al., 2023)***.

O ESCRT-0 tem um papel importante na formação de MVBs, uma vez que consiste na proteína adaptadora de transdução de sinal molécula-1 (STAM 1), que identifica a proteína ubiquitinada na membrana endossomal e forma aglomerados, em seguida, essas proteínas são levadas para o endossoma formando MVBs, ESCRT-I , ∏ são necessários para a deformação da membrana em botões, ESCRT-III é responsável pela separação do botão e é recrutado por ALIX esta proteína se liga a TSG 101 que é um componente de ESCRT- I ***(Musante et al., 2014)***.

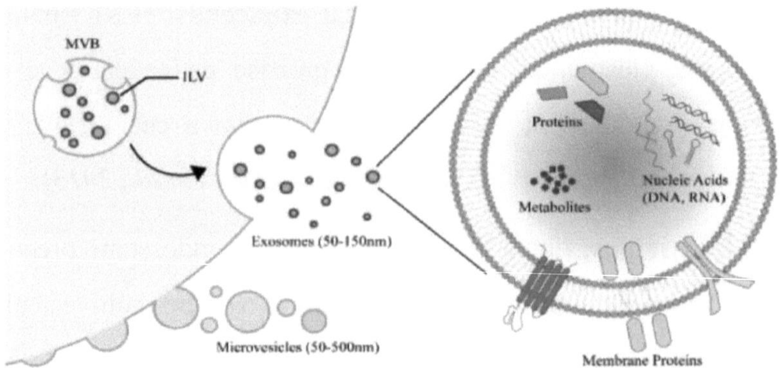

Fig.6: Biogénese de VEs *(Meng et al., 2020)*

Função biológica

A proteína de ligação de EVs pode ser utilizada como biomarcador de diagnóstico de doenças e ajudar na conceção de novos protocolos terapêuticos, modificando o RNA e entregando-o às células-alvo ***(Meng et al., 2020),*** mas também desempenha um papel no desenvolvimento de várias doenças, como doenças cardiovasculares, doenças neurodegenerativas e metástases de cancro, transferindo sinais e reprogramando as células-alvo ***(De Toro et al., 2015, Mateescu et al., 2017).***

Isolamento de exossomas

Existem várias técnicas de isolamento de EVs a partir da urina, do soro e da cultura de células. Essas estratégias são adaptadas para diferentes fontes de amostras. Os métodos mais abundantes de separação estão resumidos abaixo ***(Lane et al., 2017, Zhang et al., 2021)***. (Tabela.4) indicam o princípio de cada técnica e as vantagens e desvantagens.

Ultracentrifugação (UC): separa os componentes com base na sua densidade e nas suas taxas de sedimentação. A centrifugação diferencial é considerada um padrão de ouro para o isolamento de exossomas, existem vários protocolos para o isolamento mas, geralmente, consiste em várias etapas: primeiro elimina os detritos celulares a uma velocidade baixa (2000 - 5000 xg), depois a uma velocidade mais elevada para remover vesículas maiores (10 000 - 20 000) para remover vesículas maiores como corpos apoptóticos, finalmente, as vesículas mais pequenas, como os exossomas, são precipitadas a alta velocidade (100 000 xg). Caracteriza-se pela facilidade de utilização, elevada pureza e adequação para a preparação de grandes volumes, mas requer equipamento dispendioso e um longo período de ultracentrifugação pode causar danos estruturais nos exossomas, afectando assim a análise a jusante ***(*****Hw/** ***et al., 2019)***.

Cromatografia de exclusão de tamanho: é uma separação

baseada no tamanho, que consiste numa fase estacionária com uma estrutura porosa, quando uma amostra líquida passa através dela, as moléculas mais pequenas do que os poros ficam presas na mesma, e é necessário um tempo de eluição mais longo. Mantém as propriedades bioactivas dos exossomas devido aos danos mínimos do isolamento, mas pode resultar num grande volume de amostras, pelo que necessita de outras etapas para a concentração ***(Stam et al., 2021)***.

Ultrafiltração: isolamento baseado no tamanho, utilizando uma membrana de nanofiltro com um corte de peso molecular (MWCO) de 50-100 kDa para o isolamento de exossomas e é utilizado com centrifugação. Em comparação com a UC, o método baseado na filtração mostrou reduzir o tempo de separação com uma elevada recuperação de exossomas, mas tem um problema importante, uma vez que a membrana pode ser facilmente bloqueada por vesículas ou contaminantes ***(Yang et al., 2020)***.

Imuno-afinidade: trata-se de um método de isolamento baseado na imuno-afinidade, uma vez que existem proteínas de membrana específicas na superfície dos exossomas, como CD9, CD63, CD81, anexina, ALIX e molécula de adesão epitelial (EPCAM), que permitem a ligação imunológica entre estas proteínas e os seus anticorpos. Os exossomas são separados dos diferentes fluidos biológicos, pelo que a imunoafinidade ajuda a evitar as impurezas e a capturar seletivamente os exossomas ***(Yang et al., 2020)***.

Precipitação com polímeros: esta técnica baseia-se na redução da solubilidade dos exossomas, permitindo assim a precipitação por centrifugação a baixa velocidade, sendo preferível o PEG com MW 6000 - 1000. Foram desenvolvidos vários kits comerciais com base nesta técnica, como o ExoQuick, o Exospin e o pure-Exo. É a segunda técnica mais utilizada, uma vez que é rentável, não requer equipamento de alta qualidade e produz um elevado rendimento de exossomas em comparação com outras técnicas, mas pode ser de baixa pureza, uma vez que pode precipitar outras moléculas solúveis em água, como as proteínas ***(Zhang et al., 2021)***.

Tabela 4: Resumo das técnicas de isolamento de exossomas ***(Zhang et al., 2021)***

Technique	Principle	Advantages	Disadvantages
Ultracentrifugation	Particles with different sizes and densities have different sedimentation rates during ultracentrifugation	• Ease of use • High purity • Suitable for large volume preparation	• Extremely tedious • Time-consuming • Low recovery • High equipment cost • Possible structure damage
Size exclusion chromatography	EVs pass through a porous stationary phase in which small particles enter into the pores resulting in the late elution	• Maintain the native state of EVs • High purity	• Results in large volume of eluted samples
Ultrafiltration	EVs pass through a membrane with defined pore size or molecular weight cut-off	• Fast isolation process • Low equipment cost	• Vesicle clogging and trapping
Immunoaffinity	Based on specific binding between surface marker proteins of EVs and immobilized antibodies	• High purity and selectivity	• High-cost antibodies • Elution may damage native EV structure
Precipitation	Polymers decrease the solubility of EVs by creating the hydrophobic micro-environment	• Ease of use • High yield	• Low purity • Polymers affect downstream MS analysis

Caracterização dos exossomas:

As caraterísticas físicas e químicas dos exossomas, como o tamanho, a forma e a concentração, devem ser clarificadas para compreender a biogénese e a interação biológica. Por exemplo, a microscopia eletrónica e a microscopia de força atómica (AFM) podem determinar a morfologia. O tamanho e a concentração podem ser determinados por análise de nano rastreio (NTA) e dispersão dinâmica da luz (DLS). A proteína na superfície do exossoma pode ser medida por citometria de fluxo, western blotting, ensaio de sorção imune ligado a enzimas (ELISA) e o seu conteúdo de ARN determinado por reação em cadeia da polimerase (PCR) ***(Wang et al., 2018)***.

Ensaio de nano-rastreamento (NTA): Determina a concentração de exossomas e a distribuição do tamanho através do rastreio do movimento browniano de nanopartículas individuais e este movimento pode ser associado ao tamanho das partículas. Este método é utilizado para determinar a concentração, o tamanho e a distribuição do tamanho dos exossomas. A NTA determina a gama de tamanhos entre 10 nm e 2 µm, pelo que tem capacidade para determinar diferentes tipos de EVs, como exossomas e microvesículas ***(Weng et al., 2016)***.

Espalhamento dinâmico da luz (DLS): é uma técnica para determinar o tamanho dos exossomas, também designada por espetroscopia de correlação de fotões. Baseia-se na passagem de um feixe de laser monocromático através de uma suspensão de partículas, alterações na intensidade de dispersão da luz em função do tempo causadas pelo movimento browniano das partículas que provocam interferências construtivas e destrutivas. Pode medir partículas que variam de 1nm a 6μm, mas não pode visualizar essas partículas ***(Gurunathan et al., 2019)***.

Microscopia eletrónica (ME): A microscopia eletrónica de varrimento (SEM), a microscopia eletrónica de transmissão (TEM) e a microscopia crioelectrónica (Cryo-EM) são exemplos de métodos baseados na EM que têm sido amplamente utilizados para determinar a morfologia dos EVs. ***No MEV***, um feixe de electrões varre a superfície da amostra, produzindo electrões secundários que se dispersam, sendo estes electrões captados por detectores e estes sinais amplificados para criar uma imagem. ***No TEM,*** um feixe de electrões é transmitido através de uma camada fina de amostra e a imagem é mostrada num ecrã fluorescente ***(Stam et al., 2021)***. Estes dois métodos requerem várias etapas de preparação da amostra, como a desidratação e a fixação, pelo que podem danificar a morfologia e a estrutura dos EVs, uma vez que a imagem em forma de taça do exossoma produzida por TEM parece esférica quando examinada por Crio-EM. As imagens de ***crio-EM*** dependem de amostras congeladas sob azoto líquido, pelo que não requerem uma preparação especial, como a desidratação e a fixação, para que os exossomas não sofram alterações estruturais ***(Wang et al., 2018)***.

Citometria de fluxo: esta técnica é utilizada para determinar a proteína de superfície dos exossomas e permite estudar as propriedades físicas e químicas das células, pelo que permite estudar o tamanho e a estrutura dos exossomas. Baseia-se num feixe de laser que atravessa a suspensão da amostra; o grau de dispersão da luz depende da quantidade de partículas na amostra. Também pode detetar partículas marcadas com corante fluorescente, pelo que pode determinar o tamanho e a granulação das partículas ***(Gurunathan et al., 2019)***.

Referências

- Akers JC, Gonda D, Kim R, Carter BS, Chen CC (2013): Biogénese de vesículas extracelulares (EV): exossomas, microvesículas, vesículas semelhantes a retrovírus e corpos apoptóticos. *Jornal de Neuro-Oncologia;* 113(1):1-11.

- Prática Profissional C (2022) da Associação Americana de Diabetes: 2. Classificação e Diagnóstico da Diabetes: Padrões de Cuidados Médicos em Diabetes-2022. *Diabetes Care;* 45(Suppl 1):S17-S38.

- American Diabetes Association Professional Practice C, Draznin B, Aroda VR, Bakris G, Benson G, Brown FM, Freeman R, Green J, Huang E, Isaacs D, Kahan S, Leon J, Lyons SK, Peters AL, Prahalad P, Reusch JEB, Young-Hyman D (2022): 11. Chronic Kidney Disease and Risk Management: Standards of Medical Care in Diabetes-2022. *Diabetes Care;* 45(Suppl 1):S175-S84.

- American Diabetes Association Professional Practice C, Draznin B, Aroda VR, Bakris G, Benson G, Brown FM, Freeman R, Green J, Huang E, Isaacs D, Kahan S, Leon J, Lyons SK, Peters AL, Prahalad P, Reusch JEB, Young-Hyman D (2022): 12. Retinopatia, neuropatia e cuidados com os pés: Padrões de Cuidados Médicos em Diabetes-2022. *Diabetes Care;* 45(Suppl 1):S185-S94.

- Associação AD (2020): 2. Classificação e Diagnóstico da Diabetes: Padrões de Cuidados Médicos em Diabetes-2020. *Diabetes Care;* 43(Suplemento 1):S14-S31.

- Associação AD (2019): 2. Classificação e diagnóstico de diabetes: padrões de cuidados médicos em diabetes-2019. *Diabetes Care*; 42(Suplemento 1):S13- S28.

- Associação AD (2014): Diagnóstico e classificação da diabetes mellitus. *Diabetes Care;* 37(Suplemento 1):S81-S90.

- Azzam MM, Ibrahim AA, Abd El-Ghany MI (2021): Factores que afectam o controlo glicémico entre as pessoas egípcias com diabetes que frequentam os cuidados de saúde primários no distrito de Mansoura. *Jornal Egípcio de Medicina Interna;* 33(1):33.

- Bernascone I, Janas S, Ikehata M, Trudu M, Corbelli A, Schaeffer C, Rastaldi MP, Devuyst O, Rampoldi L (2010): Um modelo de ratinho transgénico para doenças renais associadas à uromodulina mostra danos túbulo-intersticiais específicos, defeito de concentração urinária e insuficiência renal. *Human molecular genetics;* 19(15):2998-3010.

- Beulens JWJ, Pinho MGM, Abreu TC, den Braver NR, Lam TM, Huss A, Vlaanderen J, Sonnenschein T, Siddiqui NZ, Yuan Z, Kerckhoffs J, Zhernakova A, Brandao Gois MF, Vermeulen RCH (2022): Fatores de risco ambientais do diabetes tipo 2 - uma abordagem de exposição. *Diabetologia;* 65(2):263-74.

- Bleyer AJ, Hart TC, Shihabi Z, Robins V, Hoyer JRJKi (2004): Mutações no gene da uromodulina diminuem a excreção urinária da proteína de Tamm-Horsfall. *Kidney international;* 66(3):974-77.

- Bokhove M, Nishimura K, Brunati M, Han L, De Sanctis D, Rampoldi L, Jovine LJPotNAoS (2016): Um ligante interdomínio estruturado dirige a auto-polimerização da uromodulina humana. *Actas da Academia Nacional de Ciências;* 113(6):1552-57.

- Bollée G, Dahan K, Flamant M, Morinière V, Pawtowski A, Heidet L, Lacombe D, Devuyst O, Pirson Y, Antignac C (2011): Fenótipo e resultado na nefrite tubulointersticial hereditária secundária a mutações UMOD. *Jornal Clínico da Sociedade Americana de Nefrologia;* 6(10):2429-38.

- Brunati M, Perucca S, Han L, Cattaneo A, Consolato F, Andolfo A, Schaeffer C, Olinger E, Peng J, Santambrogio SJE (2015): A serina protease hepsina medeia a secreção urinária e a polimerização da proteína uromodulina do domínio Zona Pellucida. *eLife;* 4:e08887.

- Campion CG, Sanchez-Ferras O, Batchu SN (2017): Papel potencial dos biomarcadores séricos e urinários no diagnóstico e prognóstico da nefropatia diabética. *Revista canadiana de saúde e doença renal;* 4:2054358117705371.

- Cavallone D, Malagolini N, Monti A, Wu X-R, Serafini-Cessi F (2004): Variation of High Mannose Chains of Tamm-Horsfall Glycoprotein Confers Differential Binding to Type 1 -fimbriated Escherichia coli. *Journal of Biological Chemistry;* 279(1):216-22.

- Chang C-C, Chen C-Y, Huang C-H, Wu C-L, Wu H-M, Chiu P-F, Kor C-T, Chen T-H, Chang G-D, Kuo C-CJCS (2017): Uromodulina glicada urinária na doença renal diabética. *Clinical Science;* 131(15):1815-29.

- Chen HD, Yu CC, Yang IH, Hung CC, Kuo MC, Tarng DC, Chang JM, Hwang DY (2022): Mutações UMOD na doença renal crónica em Taiwan. *Biomedicines;* 10(9):2265.
- Chume FC, Freitas PA, Schiavenin LG, Pimentel AL, Camargo JL (2022): Albumina glicada no diabetes mellitus: uma meta-análise da acurácia do teste diagnóstico. *Química Clínica e Medicina Laboratorial;* 60(7):961-74.
- Crabtree GS, Chang JS (2021): Gestão de Complicações e Perda de Visão da Retinopatia Diabética Proliferativa. *Relatórios actuais sobre diabetes*; 21(9):33.
- D'agati V, Schmidt AM (2010): RAGE e a patogénese da doença renal crónica. *Nature Reviews Nephrology;* 6(6):352-60.
- Dahan K, Devuyst O, Smaers M, Vertommen D, Loute G, Poux J-M, Viron B, Jacquot C, Gagnadoux M-F, Chauveau DJJotASoN (2003): A cluster of mutations in the UMOD gene causes familialjuvenile hyperuricemic nephropathy with anormal expression of uromodulin. *Journal of the American Society of Nephrology;* 14(11):2883-93.
- Daroux M, Prévost G, Maillard-Lefebvre H, Gaxatte C, D'agati V, Schmidt A, Boulanger E (2010): Advanced glycation end-products: implications for diabetic and non-diabetic nephropathies (Produtos finais de glicação avançada: implicações para nefropatias diabéticas e não diabéticas). *Diabetes & metabolismo;* 36(1):1-10.
- De Toro J, Herschlik L, Waldner C, Mongini C (2015): Papéis emergentes de exossomos em condições normais e patológicas: novos insights para diagnóstico e aplicações terapêuticas. *Frontiers in immunology;* 6:203.
- Devuyst O, Bochud M, Olinger E (2022): UMOD e a arquitetura da doença renal. *Pflugers Archiv - Jornal Europeu de Fisiologia;* 474(8):771-81.
- Devuyst O, Olinger E, Rampoldi LJNRN (2017): Uromodulina: da fisiologia aos distúrbios renais raros e complexos. *Nature Reviews Nephrology;* 13(9):525-44.
- Dickens LT, Thomas CC (2019): Atualizações na prevalência, tratamento e política de saúde do diabetes gestacional. *Relatórios actuais sobre diabetes*; 19(6):33.

- DiMeglio LA, Evans-Molina C, Oram RA (2018): Diabetes tipo 1. *The Lancet;* 391(10138):2449-62.
- El-Achkar TM, Dagher PCJAJoP-RP (2015): Conversa cruzada tubular na lesão renal aguda: uma história de sentido e sensibilidade. *American Journal of Physiology-Renal Physiology;* 308(12):F1317-F23.
- El-Achkar TM, Wu X-R, Rauchman M, McCracken R, Kiefer S, Dagher PCJAJoP-RP (2008): A proteína Tamm-Horsfall protege o rim da lesão isquémica, diminuindo a inflamação e alterando a expressão de TLR4. *Jornal Americano de Fisiologia Renal*; 295(2):F534-F44.
- El-Achkar TM, McCracken R, Liu Y, Heitmeier MR, Bourgeois S, Ryerse J, Wu X-RJAJoP-RP (2013): A proteína Tamm-Horsfall transloca-se para o domínio basolateral dos membros ascendentes espessos, interstício e circulação durante a recuperação da lesão renal aguda. *American Journal of Physiology- Renal Physiology*; 304(8):F1066-F75.
- Forbes J, Fukami K, Cooper M (2007): Diabetic nephropathy: where hemodynamics meets metabolism. *Experimental and clinical endocrinology & diabetes;* 115(02):69-84.
- Gan T, Liao B, Xu G (2018): A utilidade clínica da albumina glicada em pacientes com diabetes e doença renal crónica: Progressos e desafios. *Jornal de Diabetes e suas Complicações;* 32(9):876-84.
- Ge Q, Li M, Xu Z, Qi Z, Zheng H, Cao Y, Huang H, Duan X, Zhuang X (2022): Comparação de diferentes índices de obesidade associados à diabetes mellitus tipo 2 entre diferentes grupos de sexo e idade em Nantong, China: um estudo transversal. *BMC geriatrics;* 22(1):1-9.
- Gingras V, Rifas-Shiman SL, Switkowski KM, Oken E, Hivert MF (2018): Medição de frutosamina no meio da gravidez - valor preditivo para diabetes gestacional e associação com índices glicêmicos pós-parto. *Nutrientes;* 10(12):2003.
- Graham LA, Padmanabhan S, Fraser NJ, Kumar S, Bates JM, Raffi HS, Welsh P, Beattie W, Hao S, Leh S (2014): Validação da uromodulina como um gene candidato para a hipertensão essencial humana. *Hipertensão;* 63(3):551-58.
- Gurunathan S, Kang MH, Jeyaraj M, Qasim M, Kim JH (2019): Revisão do isolamento, caraterização, função biológica e abordagens terapêuticas

multifacetadas de exossomos. *Células;* 8(4):307.

- Haneda M, Utsunomiya K, Koya D, Babazono T, Moriya T, Makino H, Kimura K, Suzuki Y, Wada T, Ogawa S (2015): Uma nova classificação da nefropatia diabética 2014: um relatório do comité conjunto sobre nefropatia diabética. *Journal of diabetes investigation;* 6(2):242-46.

- Kalin MF, Goncalves M, John-Kalarickal J, Fonseca V (2017): Patogénese da diabetes mellitus tipo 2. In: Poretsky L, ed. Princípios da diabetes mellitus. Cham: Springer International Publishing:267-77.

- Kaura Parbhakar K, Rosella LC, Singhal S, Quinonez CR (2020): Complicações agudas e crónicas da diabetes associadas à saúde oral auto-reportada: um estudo de coorte retrospetivo. *BMC Oral Health;* 20(1):66.

- Knip M, Simell O (2012): Environmental triggers of type 1 diabetes. *Cold Spring Harbor perspectives in medicine;* 2(7):a007690.

- Lane RE, Korbie D, Trau M, Hill MM (2017): Protocolos de Purificação para Vesículas Extracelulares. *Métodos em Biologia Molecular*; 1660:111-30.

- Latifkar A, Hur YH, Sanchez JC, Cerione RA, Antonyak MA (2019): Novos insights sobre a biogênese e função das vesículas extracelulares. *Jornal de Ciência Celular;* 132(13):jcs222406.

- Lhotta K (2010): Uromodulin and chronic kidney disease. *Kidney Blood Pressure Resarch;* 33(5):393-408.

- Liu Y, Mo L, Goldfarb DS, Evan AP, Liang F, Khan SR, Lieske JC, Wu X- RJAJoP-RP (2010): Calcificação papilar renal progressiva e formação de cálculos ureterais em ratos deficientes para a proteína Tamm-Horsfall. American Journal of Physiology-Renal Physiology; 299(3):F469-F78.

- MacIsaac RJ, Ekinci EI, Jerums G (2014): Marcadores e factores de risco para o desenvolvimento e progressão da doença renal diabética. *Revista americana de doenças renais;* 63(2):S39-S62.

- Melchinger H, Calderon-Gutierrez F, Obeid W, Xu L, Shaw MM, Luciano RL, Kuperman M, Moeckel GW, Kashgarian M, Wilson FP, Parikh CR, Moledina DG (2022): Uromodulina na urina como biomarcador de fibrose tubulointersticial renal. *Jornal Clínico da Sociedade Americana de Nefrologia;* 17(9):1284-92.

- Meng Y, Asghari M, Aslan MK, Yilmaz A, Mateescu B, Stavrakis S, deMello AJ (2020): Microfluídica para Separação de Vesículas Extracelulares e Síntese Mimética: Avanços Recentes e Perspectivas Futuras. *Jornal de Engenharia Química;* 404:126110.

- Micanovic R, Chitteti BR, Dagher PC, Srour EF, Khan S, Hato T, Lyle A, Tong Y, Wu X-R, El-Achkar TMJJotASoN (2015): A proteína Tamm-Horsfall regula a granulopoiese e a homeostase sistémica dos neutrófilos. *Journal of the American Society of Nephrology;* 26(9):2172-82.

- Micanovic R, LaFavers K, Garimella PS, Wu XR, El-Achkar TM (2020): Uromodulina (proteína Tamm-Horsfall): guardiã da homeostase urinária e sistémica. *Nephrology Dialysis Transplantation;* 35(1):33-43.

- Mizdrak M, Kumric M, Kurir TT, Bozic J (2022): Biomarcadores emergentes para deteção precoce de doença renal *crônicaJ. ournal of Personalized Medicine*; 12 (4): 548.

- Musante L, Tataruch DE, Holthofer H (2014): Utilização e isolamento de exossomas urinários como biomarcadores para a nefropatia diabética. *Fronteiras em endocrinologia*; 5:149.

- Mutig K, Kahl T, Saritas T, Godes M, Persson P, Bates J, Raffi H, Rampoldi L, Uchida S, Hille C (2011): A ativação do cotransportador Na+, K+, 2Cl- sensível à bumetanida (NKCC2) é facilitada pela proteína Tamm-Horsfall de uma forma sensível ao cloreto. *Journal of Biological Chemistry;* 286(34):30200- 10.

- Olinger E, Schaeffer C, Kidd K, Elhassan EAE, Cheng Y, Dufour I, Schiano G, Mabillard H, Pasqualetto E, Hofmann P, Fuster DG, Kistler AD, Wilson IJ, Kmoch S, Raymond L, Robert T, Genomics England Research C, Eckardt KU, Bleyer AJ, Sr., Kottgen A, Conlon PJ, Wiesener M, Sayer JA, Rampoldi L, Devuyst O (2022): Uma variante de tamanho de efeito intermediário no UMOD confere risco de doença renal crônica. *Actas da Academia Nacional de Ciências*; 119(33):e2114734119.

- Padmanabhan S, Melander O, Johnson T, Di Blasio AM, Lee WK, Gentilini D, Hastie CE, Menni C, Monti MC, Delles CJPg (2010): Genome-wide association study of blood pressure extremes identifies variant near UMOD associated with hypertension. *PLoS Genetics*;

6(10):e1001177.

- Papadopoulou-Marketou N, Chrousos GP, Kanaka-Gantenbein C (2017): Nefropatia diabética no diabetes tipo 1: uma revisão da história natural precoce, patogénese e diagnóstico. *Diabetes Metab Res Rev;* 33(2):e2841.

- Petrovcíková E, Vicíková K, Leksa V (2018): Vesículas extracelulares - biogénese, composição, função, captação e aplicações terapêuticas. *Biologia;* 73(4):437-48.

- Plows JF, Stanley JL, Baker PN, Reynolds CM, Vickers MH (2018): A fisiopatologia do diabetes mellitus gestacional. *Revista internacional de ciências moleculares;* 19(11):3342.

- Pociot F, Lernmark Â (2016): Fatores de risco genéticos para diabetes tipo 1. *The Lancet;* 387(10035):2331-39.

- Pozzilli P, Pieralice S (2018): Diabetes autoimune latente em adultos: estado atual e novos horizontes. *Endocrinologia e Metabolismo;* 33(2):147-59.

- Prajczer S, Heidenreich U, Pfaller W, Kotanko P, Lhotta K, Jennings P (2010): Evidência de um papel da uromodulina na progressão da doença renal crónica. *Nephrology Dialysis Transplantation;* 25(6):1896-903.

- Qi C, Mao X, Zhang Z, Wu H (2017): Classificação e diagnóstico diferencial da nefropatia diabética. *Jornal de pesquisa sobre diabetes*; 2017: 8637138.

- Rampoldi L, Scolari F, Amoroso A, Ghiggeri G, Devuyst O (2011): A redescoberta da uromodulina (proteína de Tamm-Horsfall): da nefropatia tubulointersticial à doença renal crónica. *Kidney international;* 80(4):338-47.

- Renigunta A, Renigunta V, Saritas T, Decher N, Mutig K, Waldegger SJJoBC (2011): A glicoproteína de Tamm-Horsfall interage com o canal de potássio medular externo renal ROMK2 e regula sua função. *Journal of Biological Chemistry*; 286(3):2224-35.

- Rewers A (2018): Complicações metabólicas agudas na diabetes. In: Cowie CC CS, Menke A, et al., ed. Diabetes in America. 3ª ed: National Institutes of Health, Instituto Nacional de Diabetes e Doenças Digestivas e Renais: Capítulo 17.

- Rewers M, Ludvigsson J (2016): Environmental risk factors for type 1 diabetes. *The Lancet;* 387(10035):2340-48.

- Rojas J, Bermudez V, Palmar J, Martínez MS, Olivar LC, Nava M, Tomey D, Rojas M, Salazar J, Garicano C (2018): Morte de células beta pancreáticas: novos mecanismos potenciais na terapia do diabetes. *Jornal de pesquisa em diabetes;* 2018: 9601801.

- Saemann MD, Weichhart T, Zeyda M, Staffler G, Schunn M, Stuhlmeier KM, Sobanov Y, Stulnig TM, Akira S, von Gabain A (2005): A glicoproteína de Tamm-Horsfall liga a ativação das células imunes inatas à imunidade adaptativa através de um mecanismo dependente do recetor 4 do tipo Toll. *The Journal of clinical investigation;* 115(2):468-75.

- Schmid M, Prajczer S, Gruber LN, Bertocchi C, Gandini R, Pfaller W, Jennings P, Joannidis M (2010): Uromodulin facilita a migração de neutrófilos através de monocamadas epiteliais renais. *Cellular Physiology and Biochemistry;* 26(3):311-18.

- Schrijvers BF, De Vriese AS, Flyvbjerg A (2004): From hyperglycemia to diabetic kidney disease: the role of metabolic, hemodynamic, intracellular factors and growth factors/cytokines. *Endocrine reviews;* 25(6):971-1010.

- Sen S, Xavier J, Kumar N, Ahmad MZ, Ranjan OP (2023): Exosomes as natural nanocarrier-based drug delivery system: recent insights and future perspectives. *3 Biotech;* 13(3):101.

- Serafini-Cessi F, Monti A, Cavallone D (2005): N-Glicanos transportados pela glicoproteína de Tamm-Horsfall têm um papel crucial na defesa contra doenças do trato urinário. *Glycoconjugate journal*; 22(7-9):383-94.

- Shao Y, Shi X, Wçgrzyn G (2023): Análise bibliométrica e visualização do progresso da pesquisa no campo da nefropatia diabética de 2001 a 2021. *Medicina oxidativa e longevidade celular;* 2023: 1-16.

- Shen S, Wang F, Fernandez A, Hu W (2020): Papel do fator de crescimento derivado de plaquetas no diabetes mellitus tipo II e suas complicações. *Diabetes and Vascular Disease Research;* 17(7):1479164120942119.

- Shlomo Melmed, Ronald Koenig, Clifford Rosen, Richard Auchus, Goldfine A (2020): Distúrbios do metabolismo de carboidratos e gorduras. Williams Textbook of Endocrinology. 14ª ed: Elsevier Health Sciences: Cap. 8.

- Stam J, Bartel S, Bischoff R, Wolters JC (2021): Isolamento de vesículas extracelulares com métodos de enriquecimento combinados. *Journal of Chromatography B*; 1169:122604.

- Sun H, Saeedi P, Karuranga S, Pinkepank M, Ogurtsova K, Duncan BB, Stein C, Basit A, Chan JCN, Mbanya JC, Pavkov ME, Ramachandaran A, Wild SH, James S, Herman WH, Zhang P, Bommer C, Kuo S, Boyko EJ, Magliano DJ (2022): Atlas de Diabetes da IDF: Estimativas de prevalência de diabetes em nível global, regional e nacional para 2021 e projeções para 2045. *Investigação e prática clínica da diabetes;* 183:109119.

- Szostak J, Goracy A, Durys D, Dec P, Modrzejewski A, Pawlik A (2023): O Papel do MicroRNA na Patogénese da Nefropatia Diabética. *Revista internacional de ciências moleculares*; 24(7).

- Tan AL, Forbes JM, Cooper ME (2007): AGE, RAGE e ROS na nefropatia diabética. *Seminários em Nefrologia;* 27(2):130-43.

- Thielemans R, Speeckaert R, Delrue C, De Bruyne S, Oyaert M, Speeckaert MM (2023): Revelando o poder oculto da Uromodulina: A Promising Potential Biomarker for Kidney Diseases. *Diagnostics (Basileia);* 13(19).

- Unger RH, Orci L (2010): Paracrinologia das ilhotas e a paracrinopatia da diabetes. *Actas da Academia Nacional de Ciências;* 107(37):16009-12.

- Urakami T (2019): Diabetes do jovem com início na maturidade (MODY): perspectivas actuais de diagnóstico e tratamento. *Diabetes, Síndrome Metabólica e Obesidade;* 12:1047-56.

- Van Niel G, d'Angelo G, Raposo G (2018): Lançando luz sobre a biologia celular das vesículas extracelulares. *Nature reviews Molecular cell biology;* 19(4):213- 28.

- Verena Gounden, Michael Ngu, Catherine Anastasopoulou, Jialal. I. Fructosamina. Atualizado 2022 Ago 8 ed. Treasure Island (FL):

StatPearls, 2023. https://www.ncbi.nlm.nih. gov/books/NBK470185/.

- Viigimaa M, Sachinidis A, Toumpourleka M, Koutsampasopoulos K, Alliksoo S, Titma T (2020): Complicações Macrovasculares do Diabetes Mellitus Tipo 2. *Curr Vasc Pharmacol;* 18(2):110-16.

- Wang W, Luo J, Wang S (2018): Progresso recente no isolamento e deteção de vesículas extracelulares para diagnóstico de câncer. *Materiais avançados para cuidados de saúde*; 7(20):e1800484.

- Weng Y, Sui Z, Shan Y, Hu Y, Chen Y, Zhang L, Zhang Y (2016): Isolamento eficaz de exossomas com polietilenoglicol a partir de sobrenadante de cultura de células para perfil de proteoma em profundidade. *Analyst*; 141(15):4640-46.

- Wolf MT, Wu X-R, Huang C-LJKi (2013): Uromodulin upregulates TRPV5 by impairing caveolin-mediated endocytosis. *Kidney international*; 84(1):130- 37.

- Xiang E, Han B, Zhang Q, Rao W, Wang Z, Chang C, Zhang Y, Tu C, Li C, Wu D (2020): As células estaminais mesenquimais derivadas do cordão umbilical humano previnem a progressão da nefropatia diabética precoce através da inibição da inflamação e da fibrose. *Investigação e terapia com células estaminais;* 11(1):1-14.

- Xie S, Zhang Q, Jiang L (2022): Current Knowledge on Exosome Biogenesis, Cargo-Sorting Mechanism and Therapeutic Implications [Conhecimentos actuais sobre a biogénese dos exossomas, mecanismo de triagem de cargas e implicações terapêuticas]. *Membranas (Basileia);* 12(5):498.

- Yang D, Zhang W, Zhang H, Zhang F, Chen L, Ma L, Larcher LM, Chen S, Liu N, Zhao Q, Tran PHL, Chen C, Veedu RN, Wang T (2020): Progresso, oportunidade e perspetiva no isolamento de exossomos - esforços para teranósticos eficientes baseados em exossomos. *Theranostics;* 10(8):3684-707.

- Youhanna S, Weber J, Beaujean V, Glaudemans B, Sobek J, Devuyst OJNDT (2014): Determinação de uromodulina na urina humana: influência do armazenamento e processamento. *Nephrology Dialysis Transplantation*; 29(1):136-45.

- Zacchia M, Capasso G (2015): A importância da uromodulina como regulador da reabsorção de sal ao longo do membro ascendente espesso. *Nephrology Dialysis Transplantation;* 30(2):158-60.

- Zhang H, Zhang Q, Deng Y, Chen M, Yang C (2021): Melhorando o isolamento de vesículas extracelulares utilizando nanomateriais. *Membranas (Basileia);* 12(1):55.
- Zhang WR, Parikh CR (2019): Biomarcadores de doença renal aguda e crônica. *Revisão Anual de Fisiologia;* 81:309-3

Printed by Books on Demand GmbH, Norderstedt / Germany